Rahul K. Kamble

Audit énergétique d'un institut d'enseignement

Rahul K. Kamble

Audit énergétique d'un institut d'enseignement

Imprint

Any brand names and product names mentioned in this book are subject to trademark, brand or patent protection and are trademarks or registered trademarks of their respective holders. The use of brand names, product names, common names, trade names, product descriptions etc. even without a particular marking in this work is in no way to be construed to mean that such names may be regarded as unrestricted in respect of trademark and brand protection legislation and could thus be used by anyone.

Cover image: www.ingimage.com

This book is a translation from the original published under ISBN 978-613-6-94579-8.

Publisher:
Sciencia Scripts
is a trademark of
Dodo Books Indian Ocean Ltd. and OmniScriptum S.R.L Publishing group
Str. Armeneasca 28/1, office 1, Chisinau-2012, Republic of Moldova, Europe
Printed at: see last page
ISBN: 978-620-5-25897-2

Préface

L'énergie est un élément indispensable au développement humain. L'énergie est utilisée par la plupart des activités dans différents secteurs. Parmi ces différents secteurs, les établissements d'enseignement en sont les principaux consommateurs. L'énergie est utilisée pour faire fonctionner un certain nombre d'instruments, réaliser diverses expériences et autres activités. La consommation d'énergie peut être réduite en adoptant diverses mesures, dont l'audit énergétique. L'audit énergétique permet d'identifier la quantité d'énergie achetée et son utilisation dans les différentes sections d'un établissement d'enseignement. Au cours de cet audit énergétique, les goulets d'étranglement seront identifiés, ce qui entravera la conservation de l'énergie et conduira à des mesures de conservation de l'énergie appropriées.

Dans ce livre, l'audit énergétique d'un institut d'enseignement a été réalisé. Les différentes étapes de l'audit énergétique sont mises en évidence ainsi que l'exécution de l'audit. L'activité de consommation d'énergie maximale et minimale a pu être facilement identifiée. Dans le même temps, les facteurs régissant la consommation d'énergie ont été mis en évidence et la période de pointe de consommation d'énergie a été identifiée. A l'aide du diagramme de Sankey, la distribution de l'énergie et les pertes ont été évaluées. Des mesures d'économie d'énergie appropriées, intégrant des mesures à court et à long terme, ont été proposées pour une gestion efficace de l'énergie. L'audit énergétique est une mesure appropriée pour identifier le modèle de consommation d'énergie et les mesures appropriées pour sa conservation.

Les suggestions des lecteurs pour améliorer le livre seront très appréciées sur rahulkk41279@yahoo.com.

Rahul K Kamble

Janvier 2018

Auteur

Rahul K Kamble, B.Sc., M.Sc. en sciences de l'environnement, MBA en gestion de l'environnement et de l'énergie (Pays-Bas), PhD (sciences de l'environnement, thèse soumise) travaille en tant que professeur adjoint au département des sciences de l'environnement, Sardar Patel College, Chandrapur, Inde. Il a été qualifié cinq fois par l'UGC-National Eligibility Test (NET) en sciences de l'environnement et une fois par l'UGC-NET-JRF en sciences de l'environnement. En outre, il a obtenu un diplôme en gestion de la qualité totale et ISO 9001 auprès de l'All India Institute of Management Studies. Il est titulaire d'un certificat de langue française et a suivi une formation complémentaire en analyse de l'eau et des effluents à l'Advanced Training Institute, Sion, Mumbai.

L'auteur a acquis une expérience de recherche à divers titres pendant deux ans au National Environmental Engineering Research Institute (CSIR-NEERI), Nagpur. Il a ensuite rendu ses services en tant que scientifique au National Institute of Science Communication and Information Resources (CSIR-NISCAIR), à New Delhi, où il a été rédacteur associé pour Indian Science Abstracts et Medicinal & Aromatic Plants Abstracts pendant deux ans chacun. Il est ensuite devenu professeur adjoint en sciences de l'environnement au Sardar Patel College et possède une expérience de l'enseignement et de la recherche de plus de neuf ans.

Parmi ses publications, on compte 80 articles de recherche publiés dans des revues de recherche de renommée internationale et nationale. Trois livres ont été publiés par l'auteur. Il est membre de plusieurs organisations de recherche et a participé à plusieurs conférences/ateliers et séminaires nationaux et internationaux. Il a contribué à l'organisation d'une conférence nationale parrainée par l'UGC sur la "Production plus propre pour l'écologisation des industries" en 2012.

Il a développé une méthode de dé-fluoration à faible coût en utilisant les feuilles et la tige du basilic *(Ocimum sanctum* Linn.) et a terminé avec succès un projet de recherche parrainé par la Commission des subventions de l'Université (UGC) sur "le fer des eaux souterraines et la corrélation du fer dans le sang des femmes". En plus de cela, il était pleinement engagé dans un projet de recherche intitulé "Engagement dans les travaux de conservation et expérience de la discrimination sociale-A Analyse spatio-temporelle des déterminants et des conséquences". Un projet de recherche parrainé par l'ICSSR sur "Une étude d'évaluation du cours obligatoire de six mois de la Commission des subventions universitaires en études environnementales pour les étudiants de premier cycle des collèges supérieurs dans la ville de Chandrapur, Maharashtra" a été achevé avec succès en tant que chercheur principal par l'auteur.

Un certain nombre de mémoires d'étudiants de troisième cycle ont été supervisés par l'auteur et des conseils ont été donnés aux étudiants qui participaient à la convention de recherche Avishkar. L'auteur a reçu le premier prix consécutif pendant deux ans dans la discipline de l'agriculture et de l'élevage dans la catégorie des enseignants lors de la convention de recherche Avishkar au niveau universitaire et a participé à la convention de recherche Avishkar au niveau de l'État.

Contenu

Acronymes

GW	Gegawatts
KWh	Kilowatt-Hours
MW	Megawatts
KW	Kilowatts
MWA	Megawatt Ampere
KV	Kilovolts
GDP	Gross Development Power
PM	Particulate Matter
SO_2	Sulphur Dioxide
NO_2	Nitrogen Dioxide
CO_2	Carbon Dioxide
CO	Carbon Monoxide
O_3	Ozone
IPCC	Intergovernmental Panel on Climate Change
BEE	Bureau of Energy Efficiency
NJ	New Jersey
GSHP	Ground Source Heat Pump
EM	Energy Management
FTL	Fluorescent Tube Light
CFL	Compact Fluorescent Lamp
AC	Air Conditioner
HP	Horse Power
HEEPI	Higher Education Environmental Performance Improvement
S-LAB	Safe, Successful, & Sustainable Laboratory
HEFCE	Higher Education Funding Council for England
HEFCW	Higher Education Funding Council for Wales
SFC	Scottish Funding Council

DELNI   Department of Employment and Learning
                Northern Ireland
IIT-B   Indian Institute of Technology, Bombay
Sq.Ft.   Square Foot

CHAPITRE 1

Introduction

1.1 Énergie et environnement

Tous les organismes vivants - plantes, animaux et êtres humains - dépendent de sources d'énergie externes, à savoir le rayonnement du soleil. En bref, l'énergie est le fondement de la vie sur cette planète. L'énergie est à l'origine de presque tout ce qui constitue notre vie quotidienne. En fait, elle est encore plus fondamentalement liée à nous que cela. L'énergie dont nous avons besoin pour répondre aux besoins physiologiques, socio-économiques et culturels de la communauté humaine provient essentiellement de ressources naturelles. Mais le problème de l'utilisation de volumes gigantesques de combustibles fossiles - charbon, pétrole et gaz naturel - est qu'en plus d'être physiquement limités, ils constituent une menace sérieuse pour notre santé et notre environnement (Green School Program, Energy, Centre for Science and Environment, New Delhi).

En raison de l'industrialisation et de l'urbanisation rapides, il existe une tension énorme - aux niveaux local, régional et mondial - entre la demande et l'offre d'énergie, notamment d'électricité, et les exigences de protection de la vie, de la santé et de l'environnement. Les pays en développement utilisent généralement une fraction de l'énergie par habitant consommée par les pays industrialisés. L'augmentation de la production d'électricité dans certaines régions peut nécessiter la construction de barrages et l'inondation de vastes étendues de terres. Elle peut aussi nécessiter la construction de centrales nucléaires ou la combustion de combustibles fossiles, à une époque où 25 % de la contribution du dioxyde de carbone à l'atmosphère est déjà due à la production d'électricité dans des centrales à énergie fossile. Dans les pays en développement, les préoccupations se concentrent généralement sur les conséquences locales négatives, telles que la perte de terres agricoles, et moins sur les effets mondiaux futurs. Au niveau régional, les discussions portent sur l'impact environnemental des émissions de dioxyde de soufre et d'oxyde d'azote sur les forêts et les lacs (Dr. Hans Blix, 1991, Electricity and the Environment. The Basis for choices, IAEA Bulletin, 1991/3).

1.2 Demande d'énergie

L'Inde, qui abrite 1,2 milliard d'habitants et plus de 17 % de la population mondiale, a une soif d'énergie apparemment inextinguible (Sridhar Samudrala, *et. al.*, 2011, India Energy Handbook, PSI Media, Inc, 2010). La croissance économique rapide a augmenté la charge sur les infrastructures de l'Inde, l'un des points faibles du pays. Un déficit d'infrastructures est largement considéré comme l'un des facteurs susceptibles d'entraver gravement la croissance économique de l'Inde. Il existe quatre facteurs clés qui déterminent la demande en Inde ;

1. Le secteur manufacturier indien connaît une croissance plus rapide que par le passé ;
2. La consommation résidentielle augmentera de 14 % au cours des dix prochaines années ;
3. le raccordement de 125 000 villages au réseau électrique par le biais de plusieurs programmes qui visent à fournir de l'électricité à tous d'ici 2012 ; et
4. La réalisation de la demande a été supprimée en raison du délestage.

L'Inde a produit 123 GW d'électricité en 2006 (Stephane de la Rue du Can, *et.al.*, 2009, India Energy Outlook, End Use Demand in India to 2020, Ernest Orlando Lawrence Berkeley National Laboratory) et la demande d'électricité de l'Inde devrait dépasser les 300 GW dans les 10 prochaines années, plus tôt que prévu. Pour répondre à cette demande, il faudra quintupler le rythme d'ajout de capacités en respectant l'environnement. Mais le profil des capacités prévues devra également être modifié de manière appropriée pour répondre à ce pic de demande, maîtriser les émissions, réduire la dépendance vis-à-vis des combustibles importés et fournir une énergie abordable. Une approche traditionnelle ne permet pas de réaliser une augmentation de cette ampleur. Une approche radicalement nouvelle est nécessaire.

Selon l'analyse effectuée par McKinsey & Company dans le rapport Powering India 2017, si l'Inde continue de croître à un taux moyen de 8 % au cours des dix prochaines années, la demande d'électricité du pays devrait passer d'environ 120 GW actuellement à 315 à 335 GW d'ici 2017, soit 100 GW de plus que les estimations actuelles. Pour satisfaire ses besoins en électricité de 315 à 335 GW d'ici 2017, l'Inde aura besoin d'une capacité de production de 415 à 440 GW, après ajustement de la disponibilité des centrales et d'une modeste réserve tournante de 5 %. Cela implique une augmentation de la capacité installée par rapport au niveau actuel d'environ 140 GW, ce qui se traduit par un ajout annuel de 20 à 40 GW. C'est cinq à dix fois plus que les 4 GW par an atteints au cours des dix dernières années (McKinsey & Company, Powering India. The Road to 2017, Electric Power and Natural Gas Practice, Executive Summary).

1.3 Écart entre l'offre et la demande

Au fil des ans, la capacité installée des centrales électriques (services publics) en Inde a augmenté pour atteindre environ 186,655 GW (en décembre 2011), alors qu'elle était de 1,713 GW en 1950. De même, la consommation d'électricité est passée d'environ 5,1 milliards de KWh à 789 milliards de KWh en 2010-2011. La consommation d'électricité par habitant dans le pays est également passée de 15 KWh en 1950 à environ 814 KWh en 2011. Environ 90 % des villages ont été électrifiés. Cependant, le pays continue d'avoir une inadéquation entre la demande et l'offre et a connu des pénuries d'énergie et de pointe de l'ordre de 8,5 % et 10,3 % respectivement au cours de l'année 2010-11. Le RGGVY (Rajiv Gandhi Gram Vidyuthikaran Yojana) en cours prévoit l'accès à l'électricité pour les ménages des zones rurales, dont 56 % n'ont pas accès à l'électricité en Inde. La consommation d'électricité par habitant en Inde représente 24% de la moyenne mondiale et 35% et 28% respectivement de celle de la Chine et du Brésil (National Electricity Plan Government oflndia Ministry ofPower, Central electricity, Authority, Vol. 1).

Au cours des deux dernières décennies, l'Inde a dû faire face à un défaut croissant d'approvisionnement en électricité, tant pour répondre à ses besoins énergétiques normaux qu'à sa demande de pointe. Le problème est aigu pendant les heures de pointe et en été, et nécessite des délestages planifiés par de nombreux services publics (fournisseurs) pour maintenir le réseau en bon état. En 2009-10, les pénuries moyennes pour l'ensemble de l'Inde étaient de 10 % en termes de besoins énergétiques normaux et d'environ 13 % en termes de charge de pointe. Avec un taux de croissance moyen du PIB de 8 %, la demande globale devrait augmenter pour atteindre environ 1 097 milliards de KWh par an, y compris la demande des services non publics.

(www.spartastrategy.   com/blog/2001/07/indias-energy-demand-and-supply- deficit/).

Tableau 1 : Offre et demande d'énergie

| Financi al year | Energy | | | | Peak Demand | | | |
| | (MU) | | | | (MW) | | | |
	Demand	Availability	Shortage	%	Demand	MEt	Shortage	%
2005-06	631,024	578,511	52,513	8.3	93,214	81,792	11,422	12.3
2006-07	693,057	624,716	68,341	9.9	100,715	86,818	13,897	13.8
2007-08	737,052	664,660	72,392	9.8	108,866	90,793	18,073	16.6
2008-09	777,039	691,038	86,001	11.1	109,809	96,785	13,024	11.9
2009-10	830,594	746,644	83,950	10.1	118,472	102,725	15,747	13.3

1.4 Énergie et pollution

La combustion de combustibles fossiles libère un mélange complexe de polluants dans l'environnement. Ceux sur lesquels les régulateurs gardent un œil attentif sont les particules (PM), le dioxyde d'azote (NO_2), le dioxyde de soufre (SO_2), le monoxyde de carbone (CO) et l'ozone (O_3). Ces éléments ont des effets secondaires mortels sur la santé humaine. L'exposition à ces éléments provoque à la fois des effets aigus à court terme comme l'irritation des yeux, des maux de tête et des nausées, et des maladies chroniques à long terme comme les troubles cardiovasculaires et respiratoires, et le cancer du poumon (Green School Program, Energy, Centre for Science and Environment, New Delhi).

La combustion de combustibles fossiles entraîne divers types d'effets néfastes sur la santé des individus de cette planète. En Europe, 60 % des émissions de dioxyde de soufre et 30 % des émissions d'oxyde d'azote proviennent de la production d'électricité. Il n'est pas surprenant que la récente proposition d'une charte de l'énergie à adopter par tous les pays européens, y compris l'URSS, mette l'accent sur la protection de l'environnement comme l'un de ses objectifs. Le problème de la pollution transfrontalière due à la combustion des combustibles fossiles - dioxyde de soufre et oxyde d'azote - peut être résolu techniquement. C'est une question de capital et de temps. Le problème du dioxyde de carbone et des autres gaz à effet de serre est plus difficile à résoudre. Le Groupe d'experts intergouvernemental sur l'évolution du climat (GIEC) examine ce problème depuis un certain temps et la Conférence des Nations Unies sur l'environnement et le développement l'a abordé au Brésil en 1992 (Hans Blix, 1991, Electricity and the Environment. The Basis for choices, IAEA Bulletin, 1991/3).

1.4 Options de conservation de l'énergie

Comme nous savons que l'économie d'énergie n'est rien d'autre que la production d'énergie, il est très important de conserver l'énergie. Dans cette optique, l'Inde promeut les énergies renouvelables afin d'augmenter l'approvisionnement total en électricité et de répondre aux besoins ruraux, soit en augmentant l'approvisionnement du réseau, soit en l'isolant. Sa contribution à la matrice électrique totale n'est actuellement que d'environ 8 %, mais l'Inde défend l'idée que les énergies renouvelables sont une composante nécessaire du développement durable. Plus de 15 % de l'augmentation de la capacité dans le plan actuel devrait provenir de sources renouvelables (Sridhar Samudrala, *et. al.,* 2011, India Energy Handbook, PSI Media, Inc, 2010).

La loi de 2001 sur la conservation de l'énergie a créé le Bureau de l'efficacité énergétique (BEE) sous l'égide du ministère fédéral de l'électricité, afin de développer des politiques et des stratégies pour réduire l'intensité énergétique ; elle a délégué aux agences de développement énergétique des États le pouvoir de développer des normes et des labels pour les réfrigérateurs, les climatiseurs, les moteurs, les pompes agricoles et les transformateurs de distribution (Jayant A. Sathaye, 2006, India : Energy demand and Supply and Climate Opportunity, Lawrence Berkeley National Laboratory).

Aujourd'hui, la population, l'urbanisation et l'industrialisation croissent à un rythme élevé. L'augmentation de la population au cours des 100 dernières années a été équivalente à celle des 1900 dernières années. La réduction de la croissance démographique est importante pour la réduction de la demande d'énergie.

Il est également important d'utiliser les dernières technologies dans le secteur de l'électricité : "L'infrastructure du système électrique est devenue dépendante de l'infrastructure de l'information, car l'automatisation continue de remplacer les opérations manuelles, pour des informations plus précises et plus opportunes, et à mesure que l'équipement du système électrique vieillit." La plupart des changements concernent l'infrastructure de distribution, où un nouveau réseau, dit "intelligent", utilise la technologie numérique de trois manières importantes : (1) des dispositifs intelligents surveillent et mesurent ce qui se passe, (2) des communications bidirectionnelles permettent à ces dispositifs de communiquer entre eux (et avec le centre de contrôle), (3) des systèmes de contrôle avancés permettent aux ordinateurs de prendre automatiquement des décisions de bas niveau tout en permettant aux opérateurs humains de visualiser et de contrôler de vastes zones depuis un poste central.

1.5 Audit énergétique

L'audit énergétique est la clé d'une approche systématique de la prise de décision dans le domaine de la gestion de l'énergie. Il vise à équilibrer les apports énergétiques totaux et leur utilisation, et permet d'identifier tous les flux d'énergie dans une installation. Il quantifie l'utilisation de l'énergie en fonction de ses fonctions distinctes.

Selon la loi sur la conservation de l'énergie de 2001, l'audit énergétique est défini comme " la vérification, le contrôle et l'analyse de l'utilisation de l'énergie, y compris la soumission d'un rapport technique contenant des recommandations pour améliorer l'efficacité énergétique avec une analyse coûts-avantages et un plan d'action pour réduire la consommation d'énergie " (Energy Management and Audit, Bureau of Energy Efficiency).

Il existe plusieurs définitions relativement similaires de l'audit énergétique. Dans son guide, le PEEIC (2002) définit l'audit énergétique comme suit : Un processus de vérification systématique et documenté consistant à obtenir et à évaluer objectivement les preuves de l'audit énergétique, en conformité avec les critères de l'audit énergétique et suivi de la communication des résultats au client.

Dans la loi indienne sur la conservation de l'énergie de 2001 (BEE 2008), un audit énergétique est défini comme suit : "La vérification, le suivi et l'analyse de l'utilisation de l'énergie et la soumission d'un rapport technique contenant des recommandations pour améliorer l'efficacité énergétique avec une analyse coûts-avantages et un plan d'action pour réduire la consommation d'énergie." Il convient de noter que le terme "évaluation énergétique" est parfois utilisé de manière interchangeable avec "audit énergétique" dans certains pays comme les États-Unis (Ali Hasanbeigi *et. al.*, 2010, Industrial Energy Audit Guidebook : Guide lining for Conducting and Energy Audit in Industrial Facilities, Ernest Orlando Lawrence Berkeley National Laboratory)

CHAPITRE 2

Audit énergétique du collège Sardar Patel

2.1 Mise en page du collège

Le Sarvoday Shikshan Mandal's Sardar Patel College, fondé en juin 1970, est l'un des meilleurs collèges de l'université de Nagpur et de l'université Gondwana. Il dispense plus de 25 cours universitaires et universitaires de premier cycle. Actuellement, il y a environ 6500 étudiants inscrits pour les cours de premier cycle, de diplôme et de recherche. Il est situé dans le quartier de Ganj, près du lac Ramala dans le district de Chandrapur de Maharashtra. Il y a principalement quatre bâtiments dans le campus du collège comme suit

- Bâtiment du foyer des filles
- Immeuble de bureaux
- Salle de classe / Bâtiment de la faculté
- Bâtiment de la bibliothèque

Il dispose également de quatre salles pour les sports et autres. Une petite cantine est présente dans le campus du collège. Il dispose d'un parking extérieur et de deux terrains, un plus grand devant le bâtiment de la faculté et un autre devant la bibliothèque. Le plan du collège est décrit dans la figure 1. Le collège est alimenté en électricité triphasée 430/460 KV par le fournisseur.

Mise en page du collège

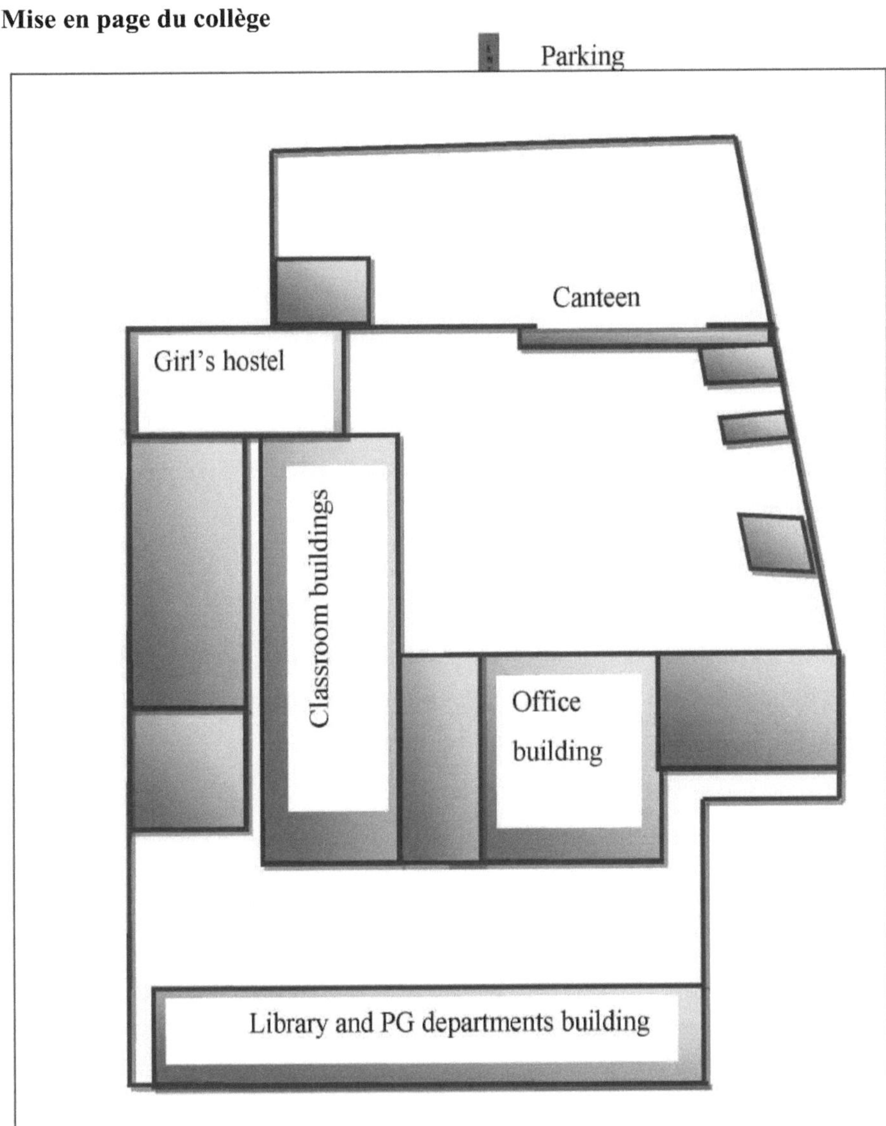

Figure 1 : Plan du collège SardarPatel

2.2 Planification de l'audit énergétique

Pour avoir une idée globale de la consommation d'énergie du collège, un audit énergétique a été planifié entre juillet 2012 et janvier 2013. Pour réaliser cet audit énergétique, les points suivants ont été pris en considération :

- Compter le nombre total de compteurs électriques dans le collège
- Compter le nombre total de chambres dans le collège
- A compter Nombre de pièces sous chaque compteur
- Pour trouver les factures d'électricité de chaque compteur pour une année (mars 2011 à février 2012)
- Compter le nombre d'appareils électriques dans chaque pièce
- Faire le total du nombre d'appareils électriques
- Pour connaître les besoins en électricité de chaque appareil
- Pour vérifier l'alimentation électrique et le câblage
- Vérifier le type d'alimentation électrique du collège et les subventions correspondantes.
- Pour interpréter les données

Réalisation d'un audit énergétique

- Une visite détaillée de l'université a été effectuée dans chaque pièce.
- Les bâtiments du collège ont été divisés en fonction du travail effectué dans le bâtiment et des facultés qui y sont disponibles.
- Compté le nombre total de salles dans le collège
- Le nombre total de compteurs et de sous-compteurs électriques dans les camps du collège a été identifié.
- Le numéro de chaque compteur électrique a été noté et enregistré.
- La superficie du bâtiment ou des pièces sous chaque compteur électrique a été calculée.
- Compter le nombre total d'appareils électriques dans chaque pièce et chaque partie du collège, y compris les laboratoires.
- Les données ont été correctement organisées
- Les besoins en électricité pour chaque appareil électrique ont été calculés
- Le besoin total d'électricité pour chaque appareil électrique a été calculé et un total de celui-ci a été fait
- Deuxièmement, les factures d'électricité de chaque compteur ont été

collectées auprès de l'autorité de facturation.

- Période particulière identifiée pour laquelle l'audit doit être réalisé.

- Les factures d'électricité pour la période souhaitée pour chaque numéro de compteur ont été collectées.

- Les données requises ont été notées à partir des factures d'électricité, principalement la lecture du compteur (unité) et le montant de la facturation (Rs) par mois.

- A partir de là, les roupies facturées par unité ont été calculées.

- Les informations par mois pour chaque compteur électrique ont été calculées

- Troisièmement, vérifier le type de câblage et les appareils électriques utilisés.

- Vérifier le type d'électricité fourni par la compagnie d'électricité au collège.

- Enfin, découvrez les frais et les éventuelles subventions accordées par la compagnie d'électricité au collège.

La documentation sur l'énergie peut être intégrée au système de gestion global d'une organisation. Pour faciliter son utilisation, l'organisme peut envisager d'organiser et de conserver un résumé de la documentation pour

- recueillir la politique, l'objectif et les cibles en matière d'énergie ;

- décrire les moyens d'atteindre l'objectif et les cibles énergétiques ;

- documenter les principaux rôles, responsabilités et procédures ;

- fournir une orientation vers la documentation connexe et décrire d'autres éléments du système de management de l'organisation, le cas échéant ;

- démontrer que les éléments du système de management de l'énergie qui sont appropriés pour l'organisation sont mis en œuvre.

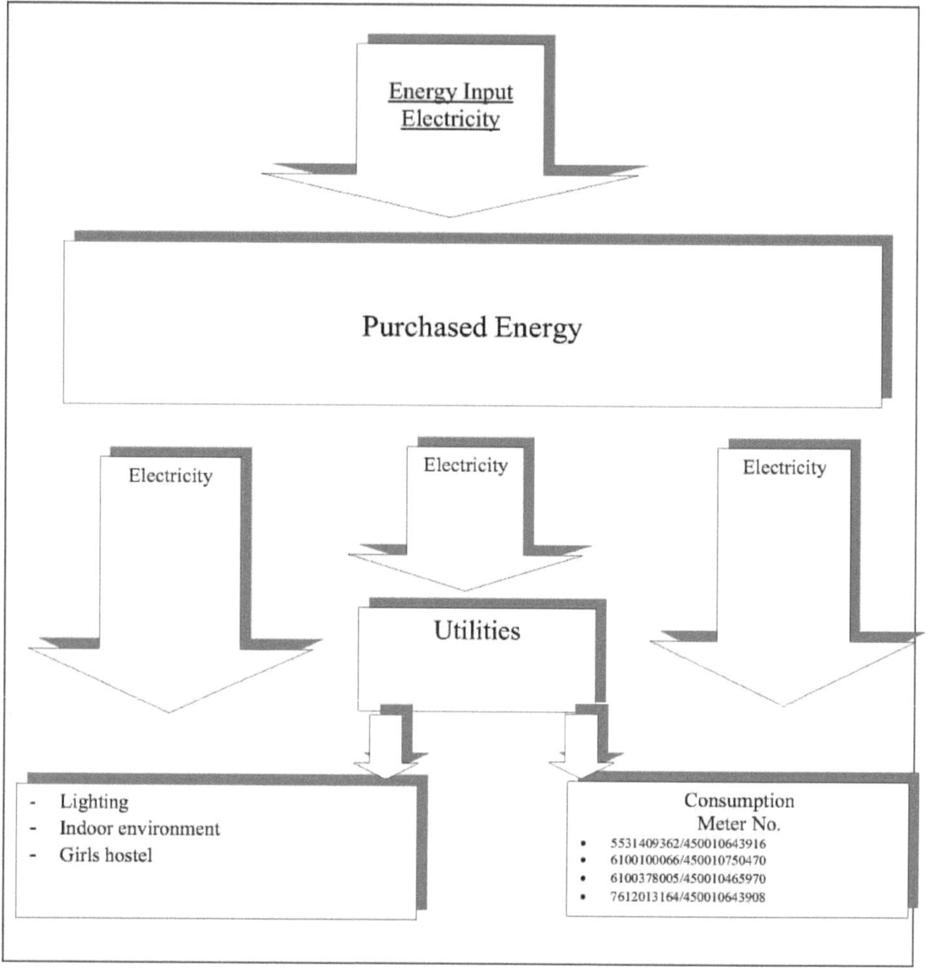

2.3 Collecte des données

L'alimentation électrique du Sardar Patel College est connectée à une pression électrique de 415/460 volts avec une connexion triphasée. Il y a quatre compteurs électriques placés dans quatre bâtiments différents et dont les numéros de compteur sont en série comme suit

Tableau 2 : Emplacement du compteur électrique dans les locaux du collège

Meter number	Location
5531409362/450010643916	Girls Hostel
6100100066/450010750470	Office Building
6100378005/450010465970	Classroom Building
7612013164/450010643908	Library Building and PG Department

Chaque compteur électrique a ses propres frais de facturation et d'exploitation avec une demande électrique distincte.

Tableau 3 : Principaux appareils et équipements électriques du collège

Electrical appliances	Numbers	Wattage (in W)	Operation hrs/day	Monthly Operating hrs	Monthly power consumption (kWh)
Tube light	550	40	8	240	528000
Fan	350	60	8	240	504000
Water cooler	10	410	10	300	123000
Computer	180	140	8	240	604800
CCTV camera	20	45	24	720	648000
Projector	12	455	2	60	327600
Air conditioner	12	2100	3	90	2268000
Exhaust fan (Large)	6	1200	2	60	432000
Exhaust fan	18	100	6	180	324000

(Small)					
Refrigerator (4 star rating)	12	600	8	240	172800
Water pump	10	2500	3	90	2250000
Oven	15	1000	1	30	450000
CFL bulb	110	18	8	240	475200
Photocopy machine	9	2500	3	90	202500
Focus lamp	6	1000	4	120	720000
Sound system	8	250	6	180	360000
Halogen	6	400	6	180	432000
Air cooler	4	210	6	180	151200
10% for unaccounted area					1252830
Total					**13781130**

2.4 Consommation d'électricité dans les bâtiments

Les locaux du Sardar Patel College peuvent être divisés en plusieurs sections. A l'entrée du collège se trouve un foyer pour filles. Viennent ensuite les salles de classe et les laboratoires, le bloc administratif au milieu du collège et, enfin, les départements de l'enseignement secondaire et la bibliothèque.

Le bâtiment du foyer des filles est situé à l'entrée du collège. Il dispose d'un compteur d'eau (compteur n° 5531409362/450010643916). Le bâtiment de l'auberge des filles est un bâtiment de quatre étages et a un total de 44 chambres. Dans chaque chambre est occupé par trois étudiants avec des installations de partage. Les équipements de base qui sont fournis dans les chambres comprennent : une ampoule CFL et un ventilateur de plafond. Pour fournir de l'eau chaude, des chauffe-eau solaires sont installés sur la terrasse du bâtiment de l'auberge. En outre, 5 salles de bains, une chambre d'amis, une salle de télévision, une salle d'étude et une salle de loisirs sont également disponibles.

Lecture mensuelle des compteurs

MeterNo. 5531409362/450010643916

Tableau 4 : Détails de la facture d'électricité en unités, roupies et Rs/unité

Months	Units	Rupees	Rs/Unit
March-11	1996	16110	8.0711
April-11	Security deposit	8880	--
April-11	2917	25370	8.6972
May-11	2574	22310	8.6675
June-11	1686	15250	9.0450
July-11	0801	6390	7.9775
August-11	2417	22330	9.2387
September-11	2591	24400	9.4172
October-11	3675	35330	9.6136
November-11	1611	15020	9.3234
December-11	2093	20930	10.00
January-12	1586	15310	9.6532
February-12	2247	22470	10.00
Total		**250,100**	

Lecture mensuelle des compteurs-

MeterNo. 6100100066/450010750470

Le bâtiment des bureaux est situé au cœur de l'enceinte du collège. Ce bâtiment comprend les travaux administratifs qui incluent le bureau Clark, les activités liées aux étudiants, la salle du directeur et le hall du gymnase. Le bâtiment des bureaux est un bâtiment à quatre étages qui compte 33 pièces. Les équipements de base disponibles sont les suivants : lampes à tube, ventilateurs, photocopieuses, ordinateurs, imprimantes, photocopieuses, climatiseurs. Ce bâtiment comprend également le Shri Shantaram Potdukhe Hall, le Shri Gawalpanchhi Hall et le Shri Abdul Shafi Hall. Ces salles servent de lieu d'accueil pour diverses factions telles que des conférences, des ateliers et des séminaires. Ces salles sont équipées de projecteurs

LCD, d'un système de micro, de lampes CFL et de plafonniers. Ce bâtiment dispose également de laboratoires informatiques équipés d'ordinateurs TFT, au nombre de 66, et de climatiseurs au nombre de 7.

1.5 tonne chacun. Cet immeuble de bureaux dispose également de deux lampes à haut masque qui sont utilisées le soir pour les activités sportives. Ce bâtiment abrite également les bureaux du président et du secrétaire *de Sarvoydays Shikshan Mandal*. Ces bureaux sont équipés de lampes à tubes, de ventilateurs de plafond, de climatiseurs, de personnel de secrétariat, etc.

Tableau 5 : Détails de la facture d'électricité en unités, roupies et Rs/unité

Months	Units	Rupees	Rs/Unit
March-11	1754	13480	7.68
April-11	Security deposit	3730	--
April-11	1388	10750	7.74
May-11	1593	13500	8.47
June-11	4115	21420	5.20
July-11	1634	14110	8.63
August-11	2409	21200	8.80
September-11	2370	20990	8.85
October-11	3579	31740	8.86
November-11	1451	13220	9.11
December-11	2103	20080	9.54
January-12	2258	21590	9.56
February-12	3888	15490	3.98
Total		**221,300**	

Lecture mensuelle des compteurs

MeterNo. 6100378005/450010465970

Le bâtiment des salles de classe est le bâtiment principal du collège. Il est également connu sous le nom de bâtiment de la faculté. Il se compose de deux bâtiments reliés l'un à l'autre. Il compte au total 98 salles. Le premier bâtiment avant a *4* étages et le bâtiment arrière suivant a 3 étages. Le rez-de-chaussée abrite la faculté des sciences avec 30 chambres, dont le département des sciences de l'environnement, le département de microbiologie, le département de chimie, le département de physique, le département de zoologie et le département de cuisine. Le premier étage comprend 28 chambres, y compris la faculté des arts avec le département d'histoire, le département de géographie, le département de marathi, le département d'anglais ainsi que le département d'informatique. Le deuxième étage comprend la faculté de commerce avec les départements respectifs répartis dans 25 chambres. Le quatrième étage supérieur compte 15 pièces et abrite la faculté d'examen du collège, car le collège est le plus grand centre de Chandrapur pour la plupart des examens de l'université et d'autres concours. La demande en électricité de ce bâtiment est la plus élevée pour le collège.

Tableau 6 : Détails de la facture d'électricité en unités, roupies et Rs/unité

Months	Units	Rupees	Rs/Unit
March-11	2631	20400	7.75
April-11	Security deposit	10880	--
April-11	3392	27290	8.04
May-11	2895	24560	8.48
June-11	2272	19530	6.74
July-11	2533	22040	8.70
August-11	5317	47300	8.89
September-11	4380	39140	8.93
October-11	5778	51500	8.91
November-11	1762	16170	9.17
December-11	2695	26370	9.78
January-12	2501	23940	9.57
February-12	3092	27828	9.0
Total		**356,948**	

Lecture mensuelle des compteurs

MeterNo. 7612013164/450010643908

Le bâtiment de la bibliothèque se trouve à l'arrière du collège. Il s'agit d'un bâtiment de 4 étages avec un total de 27 pièces, y compris la bibliothèque et les départements PG. Le rez-de-chaussée comprend *4* pièces, la bibliothèque est un duplex intérieur divisé en bibliothèque, salle de lecture et salle internet. Au premier étage, le département de biotechnologie dispose de 4 salles. Le deuxième étage compte 7 pièces, dont le département d'application informatique et le département de physique. Le troisième étage comprend 9 salles dont le département de microbiologie et le département de zoologie. C'est le seul bâtiment du collège ouvert sur quatre côtés avec une terrasse propre. Les données relatives aux factures d'électricité n'étaient pas disponibles pour ce bâtiment de la bibliothèque.

CHAPITRE 3

Résultats et discussion

3.1   Modèle de consommation d'énergie

Les données recueillies sur la consommation d'énergie des différents départements et salles de classe ont été analysées en détail afin de déterminer la quantité d'électricité consommée par mois et le montant dépensé pour son paiement. Les différentes représentations graphiques ci-dessous donnent un aperçu du schéma énergétique du collège.

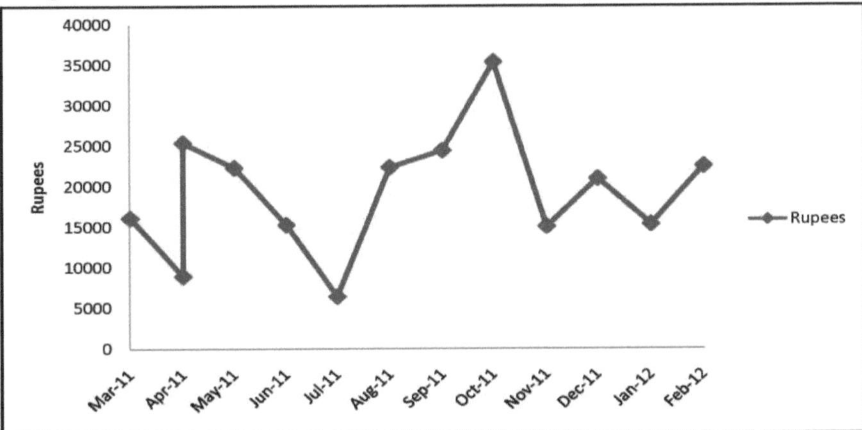

Figure 7 : Facture d'électricité en roupies/mois pour le foyer des filles (mars 2011-février 2011).

2012)

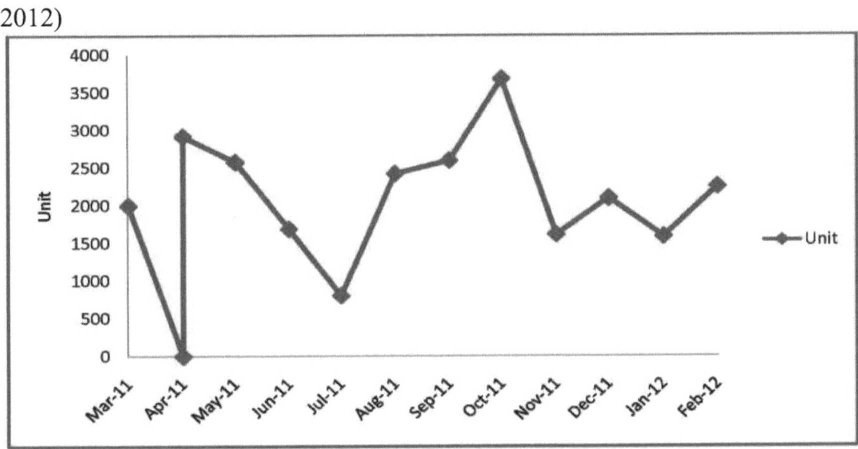

Figure 8 : Consommation d'électricité (unités/mois) pour le foyer des filles (Mars 2011-

Février 2012)

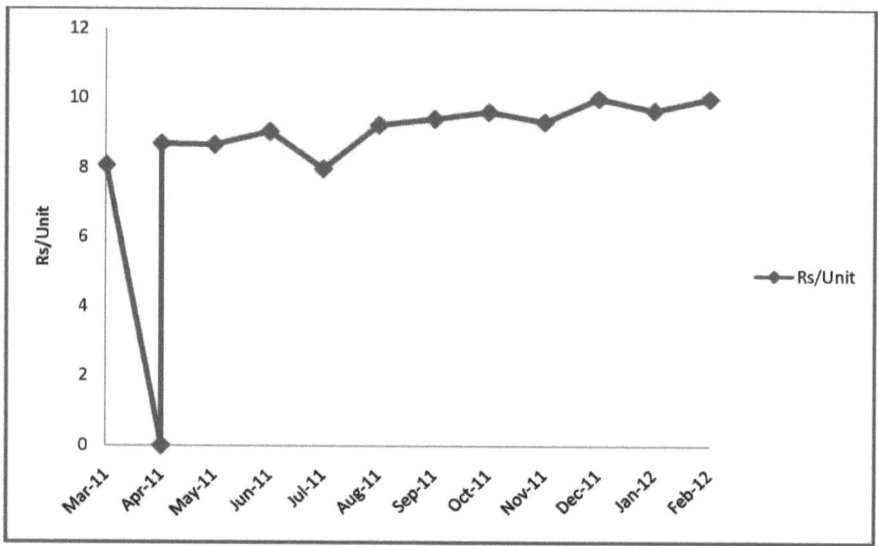

Figure 9 : Consommation d'électricité (par unité de charge/mois) pour le foyer des filles (mars 2011-février 2012)

Les graphiques des roupies et des unités pour le bâtiment de l'auberge des filles ont montré qu'il y avait deux pics d'augmentation de la consommation d'électricité pour les mois d'avril et d'octobre. Cette augmentation de la consommation d'électricité pendant ces deux périodes peut être attribuée à la période des examens en mars-avril et aux examens d'hiver en octobre. Le pic de consommation électrique dans le foyer des filles à ces périodes a montré une plus grande utilisation des lumières et des ventilateurs en été et l'utilisation des appareils de chauffage électrique en hiver également. On a également constaté une forte baisse de la consommation d'électricité en juillet et en novembre, période qui coïncide avec les vacances d'été et d'hiver.

Immeuble de bureaux

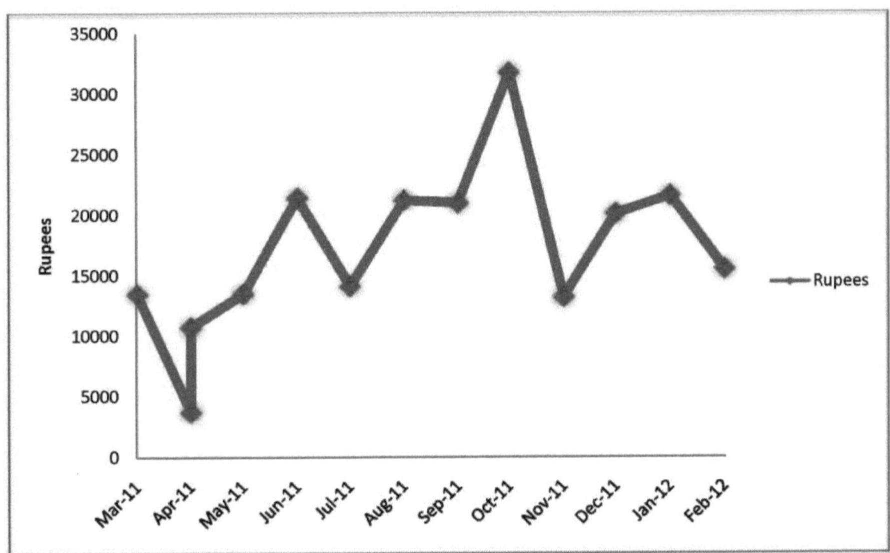

Figure 10 : Facture d'électricité en roupies/mois pour un immeuble de bureaux (mars 2011-

Fév. 2012)

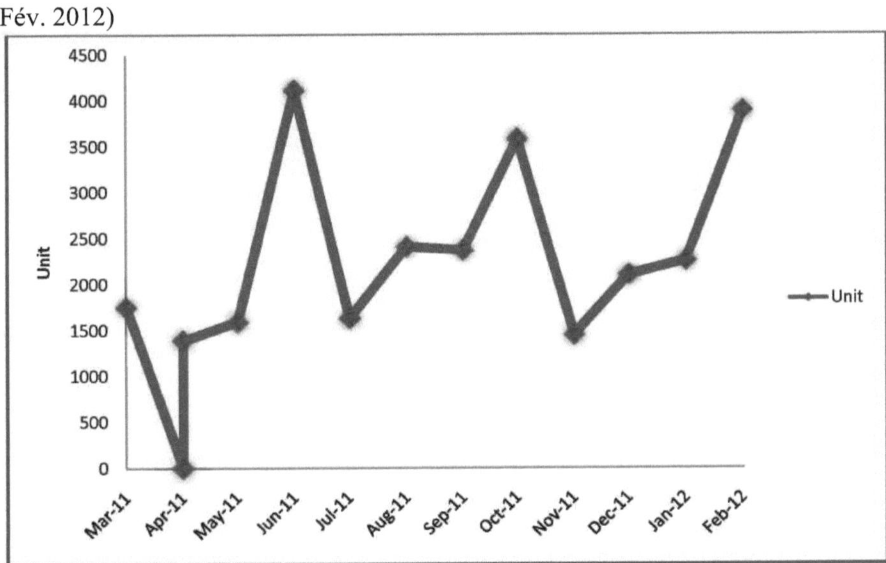

Figure 11 : Consommation d'électricité (unités/mois) pour les immeubles de bureaux

(mars 2011-février 2012)

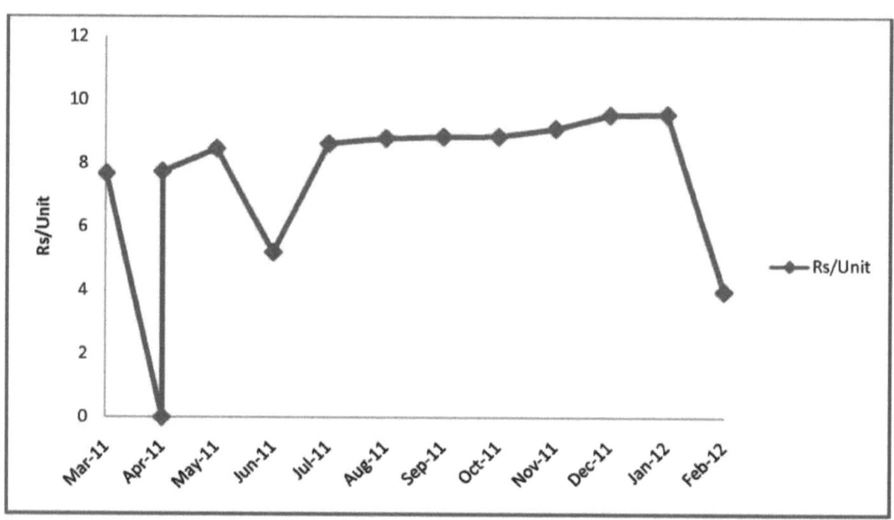

Figure 12 : Consommation d'électricité (par charge unitaire/mois) pour un immeuble de bureaux (mars 2011-février 2012)

La représentation graphique du modèle de consommation d'électricité pour les immeubles de bureaux a permis de constater qu'il y avait trois pics de consommation électrique pour les mois de juin, octobre et février. Le mois de juin correspond au début de la nouvelle session universitaire et au processus d'admission en cours. La consommation d'électricité était plus élevée à cette période dans les bureaux. Les mois d'octobre et de février sont des périodes d'examens, tandis que le mois de février marque la fin de la session. On a constaté que le graphique en roupies présentait des pics plus faibles que le graphique en unités consommées en juin et février, ce qui est dû aux fluctuations des charges en roupies/unité au cours de chaque mois.

Bâtiment des classes

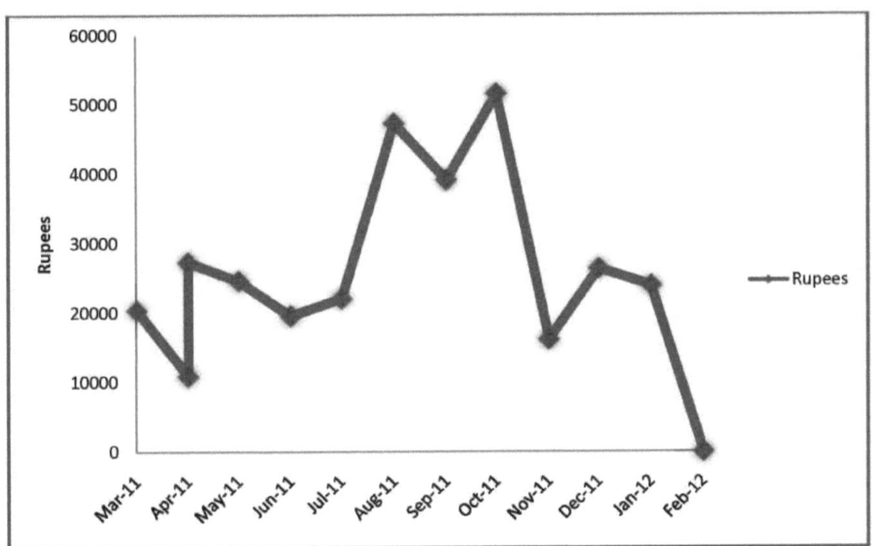

Figure 13 : Facture d'électricité en roupies/mois pour le bâtiment des classes (mars 2011-février 2012)

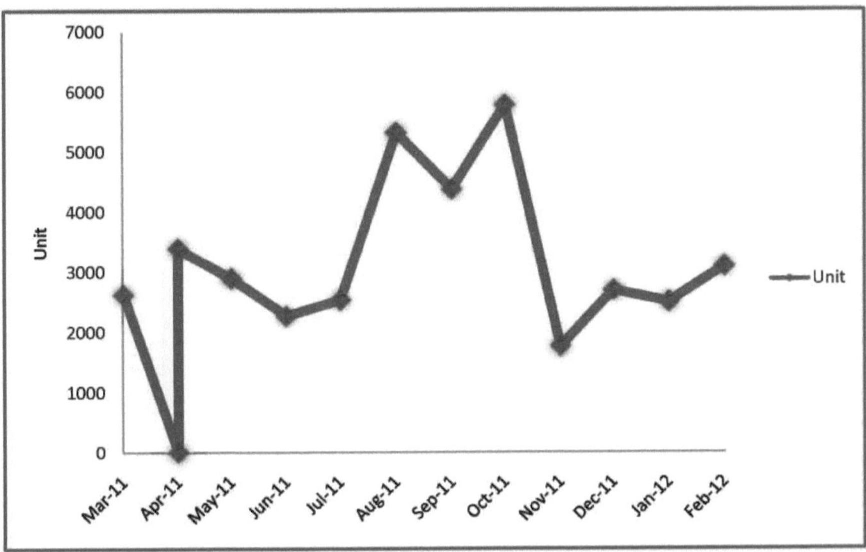

Figure 14 : Consommation d'électricité (unités/mois) pour le bâtiment des classes (mars 2011-février 2012)

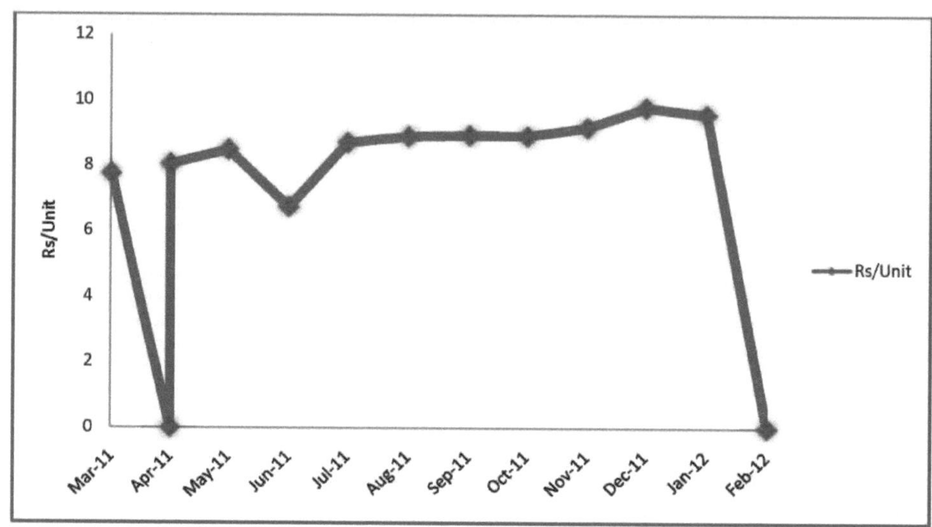

Figure 15 : Consommation d'électricité (par charge unitaire/mois) pour un immeuble de bureaux (mars 2011-février 2012)

Dans le cas du bâtiment des classes, le graphique a montré qu'il y avait trois pics de consommation électrique pendant les mois d'août, septembre et octobre. Cette période coïncidait avec les cours réguliers de tous les départements du collège. Cette consommation électrique plus élevée était due à l'utilisation de ventilateurs et de lumières. Pendant les mois de septembre et d'octobre, l'humidité relative était élevée, ce qui a entraîné une forte demande d'appareils électriques pour assurer le confort de l'environnement.

3.2 Interprétation des données

L'audit énergétique du Sardar Patel College a été réalisé pour la période de mars 2011 à février 2012 et a révélé que la demande maximale était de 195,780 KW avec une consommation d'électricité de 1 37 81 130 KWh par mois. La facture d'électricité annuelle pour le compteur numéro 5531409362/450010643916 pour l'auberge des filles était de 2,50,000 Rs/- avec une moyenne de 9.14 Rs/unité. Pour le compteur 6100100066/450010750470 de l'immeuble de bureaux, le coût de l'électricité était de 2 21 300 roupies par an, avec un coût moyen de 8,03 roupies par unité. Dans le cas du compteur 6100378005/450010465970 pour les salles de classe, le coût de l'électricité était de 3 56 948 roupies par an, avec une moyenne de 8,66 roupies par unité. Le total des frais d'électricité des trois compteurs était de 8,28,248 Rs par an. La consommation totale d'électricité du collège était de 93 984 unités, donc le coût moyen de l'électricité par unité pour le collège était de 8,81 Rs/unité. Le collège dispense une éducation à environ 6500 étudiants, donc la consommation d'électricité par chaque étudiant était d'environ 127,42 roupies/étudiant/année. Les membres du corps enseignant et non enseignant du collège contribuent à hauteur de 300 personnes. Ainsi, la consommation d'électricité par individu dans le collège s'élève à 121,80 roupies/individu/année.

D'après les résultats, on peut interpréter que la consommation électrique la plus élevée a été enregistrée en avril, juin, août, septembre, octobre et février pour les trois compteurs. Parmi ces mois, le mois d'octobre a été le mois le plus consommateur d'électricité pour le collège. Le total des unités électriques consommées au cours de ces périodes représentait 1/3 du total des unités consommées par les trois compteurs au cours d'une année. Les mois d'avril et de juin sont les mois d'été et la période des examens, ce qui entraîne une plus grande consommation d'électricité. En revanche, les mois de septembre et d'octobre sont des mois de post-mousson pendant lesquels l'humidité est plus élevée et pour se débarrasser de cette humidité, l'utilisation des ventilateurs de plafond à des fins de refroidissement est plus importante, ce qui entraîne une plus grande consommation d'électricité.

3.3 Options pour la conservation de l'énergie

Ces données permettent de conclure que la consommation d'électricité est plus élevée dans le collège. Pour réduire la consommation d'électricité dans l'établissement, certaines options d'économie d'énergie doivent être adoptées. Certaines de ces options sont mentionnées ci-dessous. La sélection de la ou des options appropriées peut être étudiée en fonction de la situation.

- L'utilisation de sources d'énergie renouvelables est toujours une bonne option pour la conservation de l'énergie. Le problème du délestage est majeur pour la ville de Chandrapur. La disponibilité de la lumière du soleil était tout au long de l'année. Une centrale solaire de capacité adéquate sur la terrasse du bâtiment des classes peut être une bonne option pour l'approvisionnement en énergie du collège et cela ouvrira la voie à la conservation de l'énergie.

- Les dix lampes halogènes à haute intensité doivent être remplacées par des lampes solaires à LED.
- Utilisez le lampadaire solaire.
- Vérifiez les moteurs d'alimentation en eau.
- Vérifiez les anciens câblages des bâtiments.
- Installez les compteurs secondaires.
- Retirez ou remplacez les appareils électriques qui ne fonctionnent pas.
- Installez les régulateurs pour les ventilateurs.
- Pensez à l'éclairage naturel, aux lucarnes, etc.
- Faites des toits lumineux avec des fenêtres de grande taille dans les pièces des deuxième et troisième étages.
- Envisagez de peindre les murs d'une couleur plus claire et d'utiliser des appareils d'éclairage moins nombreux ou de plus faible puissance.
- Utilisez un éclairage de travail et réduisez l'éclairage de fond, placez-le plus près des bancs en ligne droite sur les rangées de bancs.
- Les lampes à tube doivent être remplacées par des LED. Les LED présentent les avantages suivants
    - Consommation électrique réduite (moins de 1 W/lampe)
    - Résiste aux fluctuations de tension élevées de l'alimentation électrique.
    - Durée de vie plus longue (plus de 1 00 000 heures)
- Les commutateurs manuels actuels doivent être remplacés par des commutateurs sensoriels automatisés.
- Les refroidisseurs d'eau actuels sont en très mauvais état et dépassés. Remplacez les refroidisseurs d'eau actuels par des refroidisseurs d'eau plus efficaces.
- Adoptez un réglage normal d'économie d'énergie pour les ordinateurs.
- Installez des détecteurs de présence pour éteindre les lumières lorsque les pièces ne sont pas utilisées.

- Choisissez soigneusement les ballasts et les lampes en tenant compte d'un facteur de puissance élevé et d'une efficacité à long terme.

- Utilisation de ballasts électroniques pour les tubes fluorescents au lieu de ballasts électromagnétiques, ce qui réduit la perte de puissance : seulement 1 watt environ, au lieu de 15 watts dans les selfs électromagnétiques standard. Amélioration de l'efficacité des lampes à tube à des fréquences plus élevées, ce qui permet de réaliser des économies supplémentaires si le ballast est optimisé pour fournir le même rendement lumineux qu'avec la self classique. Ainsi, une économie totale d'environ 15 à 20 watts par lampe à tube peut être réalisée par les ballasts électroniques (Electrical Energy Equipment : Lighting, Energy Efficiency Guide for Industry in Asia, PNUE).

3.4 Mesures de bon entretien

En plus des options d'économie d'électricité susmentionnées, certaines mesures supplémentaires sont également nécessaires et ne requièrent pas d'appareils électriques spéciaux ou de modifications. Ces options sont les mesures de bon entretien. Certaines des options qui peuvent être explorées en plus de celles-ci sont les suivantes :

- Éteignez les lumières, les ventilateurs et les ordinateurs après utilisation.

- Déconnectez l'alimentation des pièces des compteurs secondaires lorsque les pièces ne sont pas utilisées.

- Éteignez les climatiseurs avant de quitter la pièce pendant 15 minutes.

- L'utilisation du climatiseur à une température optimale permet d'économiser l'énergie.

- Utilisez des lumières minimales ou des lumières sur scène dans les quatre salles pour les fonctions.

- Utilisez des chauffe-eau solaires en hiver.

- Remplacez les vieilles lumières par de nouvelles ampoules CFL.

- La maintenance et l'entretien réguliers des équipements doivent être effectués pour réduire la surcharge.

- Achetez des ordinateurs, des imprimantes, des télécopieurs, des scanners, des réfrigérateurs et d'autres équipements et appareils qualifiés ENERGYSTAR.

- Assurez-vous que les portes et les fenêtres sont bien étanches. Gardez-les fermées lorsque vous utilisez votre système de climatisation.
- Achetez/demandez des produits à privilégier du point de vue environnemental par l'intermédiaire de LIS, comme du papier recyclé, des appareils Energy Star et des ampoules fluorescentes compactes.
- Faites des copies recto-verso et minimisez les impressions lorsque cela est possible.
- Ne préchauffez pas votre four plus de 5 à 8 minutes.
- N'ouvrez la porte de votre four que si nécessaire. Elle perd de 25 à 50 degrés.
- Utilisez des casseroles en verre ou en céramique.

3.5 Réduction de la consommation d'énergie

L'analyse comparative des données est un bon moyen de faire le ménage. L'analyse comparative de la consommation d'énergie est un outil puissant d'évaluation des performances et d'évolution logique des pistes d'amélioration. Les données historiques, bien documentées, aident à faire ressortir les tendances de la consommation d'énergie et des coûts par mois/jour. L'analyse des tendances de la consommation d'énergie, des coûts, des caractéristiques de production pertinentes, de la consommation d'énergie spécifique, aide à comprendre les effets de l'utilisation de la capacité sur l'efficacité de l'utilisation de l'énergie et les coûts à une échelle plus large.

CHAPITRE 4

Conclusions

4.1 Conclusions

Avec les options recommandées en matière d'économie d'énergie et la mise en œuvre de mesures de bon entretien, il est possible de réduire de 10 à 12 % la consommation annuelle d'énergie du Sardar Patel College.

Certaines questions à prendre en compte dans l'action corrective et préventive et l'amélioration continue pour la conservation de l'énergie :

1. Le collège doit identifier les processus d'actions correctives et préventives et d'amélioration de la conservation de l'énergie.

2. Le collège doit vérifier que les actions correctives et préventives et les améliorations sont efficaces et opportunes.

Le collège devrait toujours suivre le "cercle de Deming" pour l'amélioration continue du système énergétique.

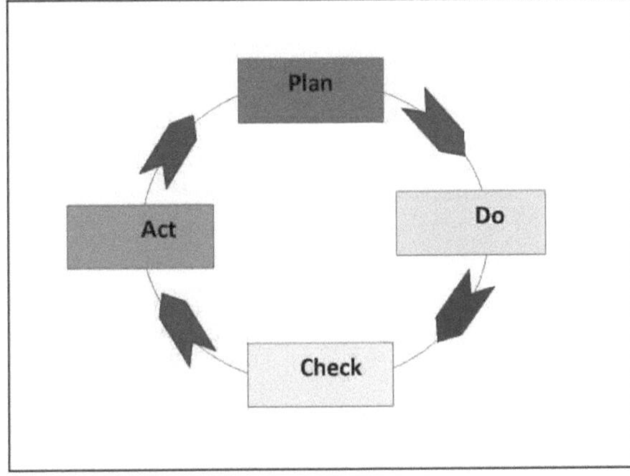

Figure 16 : Cercle de Deming pour l'amélioration continue

Pour une réduction efficace de la consommation d'énergie du collège, l'autorité doit développer une stratégie globale qui intègre le développement d'un cadre politique pour la réduction de l'énergie. Le programme prévu sous la forme d'un système de gestion de l'énergie doit être mis en œuvre à tous les niveaux. Cela permettra d'identifier les goulots d'étranglement dans les options de conservation de l'énergie. Après cela, le

La phase de vérification doit être mise en œuvre. Dans cette phase, il faut vérifier si ce qui a été planifié a été réalisé ou non, quelles sont les lacunes qui ont empêché la réalisation de l'objectif. La phase suivante sera la phase d'action, dans laquelle les goulots d'étranglement qui ont été identifiés dans les étapes précédentes peuvent être surmontés par ce cycle d'amélioration continue, c'est-à-dire le cycle de Deming.

CHAPITRE 5

Références

Ali Hasanbeigi *et al.* 2010. Industrial Energy Audit Guidebook : Guide lining for Conducting and Energy Audit in Industrial Facilities, Ernest Orlando Lawrence Berkeley National Laboratory

Chikku Abraham *et al.* 2008 Audit énergétique du campus de Bombay, Indian Institute of Technology-Bombay, Pawai, Mumbai.

Dr. Hans Blix, 1991, Electricity and the Environment. The Basis for choices, fAEABulletin, 1991/3.

Audit énergétique détaillé, Brad College, Avon-on-Hudson, New York, Johnson Controls fnc. 2009

Équipement d'énergie électrique : Éclairage, Guide de l'efficacité énergétique pour l'industrie en Asie, PNUE

Gestion de l'énergie et audit, Bureau de l'efficacité énergétique.

Getting and Energy Audit of my House, The Bulletin on Energy Efficiency, Vol. 6 (4-6).

Green School Program, Energy, Centre for Science and Environment, New Delhi.

Henry, K. 2010, Energy Audit-Final Report, Union County College, Concord Engineering Group.

Jay Falkenstein, 2009, Audit énergétique, Burlington County College, Demo Tech, fnc.

Jayant A. Sathaye, 2006. India : Energy demand and Supply and Climate Opportunity, Lawrence Berkeley National Laboratory.

Lisa Hopkinson, 2011. Consommation d'énergie des laboratoires universitaires : Résultats détaillés pour S-Lab. Audits, S-Lab, HEEPI

McKinsey & Company, Powering India. The Road to 2017, Electric Power and Natural Gas Practice, Executive Summary.

Plan national d'électricité Gouvernement de l'Inde Ministère de l'électricité, Autorité centrale de l'électricité, Vol. 1

Peter Janssons, 2004. Undergraduate Research on Sustainability : Campus Energy

Analysis and Building Energy Audit, Société américaine pour l'éducation énergétique.

Sridhar Samudrala, *et al,* 2011, India Energy Handbook, PSI Media, Inc, 2010.

Stéphane de la Rue du Can, *et. al,* 2009, India Energy Outlook, End Use Demand in India to 2020, Ernest Orlando Lawrence Berkeley National Laboratory.

Working Manual on Energy Auditing in Industries, dans Asian Productivity Organization. 2008.

Sites web :

http://www.altanova-energy.com/sustainable-construction-and-real-estate-programmes/audit-énergie/pourquoi effectuer un audit-énergie

www.spartastrategy.com/blog/2001/07/indias-energy-demand-and-supply- déficit/

yes
I want morebooks!

Buy your books fast and straightforward online - at one of world's fastest growing online book stores! Environmentally sound due to Print-on-Demand technologies.

Buy your books online at
www.morebooks.shop

Achetez vos livres en ligne, vite et bien, sur l'une des librairies en ligne les plus performantes au monde!
En protégeant nos ressources et notre environnement grâce à l'impression à la demande.

La librairie en ligne pour acheter plus vite
www.morebooks.shop

KS OmniScriptum Publishing
Brivibas gatve 197
LV-1039 Riga, Latvia
Telefax: +371 686 204 55

info@omniscriptum.com
www.omniscriptum.com

Printed by Books on Demand GmbH, Norderstedt / Germany